小地鼠数学游戏闯关漫画书

鼠妇大婶儿的小诊所

纸上魔方◎编绘

北方妇女儿童出版社

长春

图书在版编目（CIP）数据

　　鼠妇大婶儿的小诊所 / 纸上魔方编绘 . –– 长春：北方妇女儿童出版社 , 2022.9
　　（小地鼠数学游戏闯关漫画书）
　　ISBN 978-7-5585-6431-4

　　Ⅰ . ①鼠… Ⅱ . ①纸… Ⅲ . ①数学－少儿读物 Ⅳ . ① O1-49

中国版本图书馆 CIP 数据核字（2022）第 004960 号

鼠妇大婶儿的小诊所
SHUFU DASHENER DE XIAO ZHENSUO

出 版 人	师晓晖
策 划 人	陶　然
责任编辑	曲长军　庞婧媛
开　　本	720mm×1000mm　1/16
印　　张	7
字　　数	120 千字
版　　次	2022 年 9 月第 1 版
印　　次	2022 年 9 月第 1 次印刷
印　　刷	北京盛华达印刷科技有限公司
出　　版	北方妇女儿童出版社
发　　行	北方妇女儿童出版社
地　　址	长春市福祉大路 5788 号
电　　话	总编办：0431-81629600
	发行科：0431-81629633
定　　价	29.80 元

前 言

　　在一个遥远而神秘的地方有一座地下城，地下城里生活着一群可爱的小精灵，有睿智慈祥的蜈蚣菲幽爷爷，有医术高超的鼠妇大婶儿，有身怀绝技的猿金刚……而本书的主人公小地鼠皮克就是它们中间的一员。

　　几乎每天，小地鼠皮克都会和它最亲密的朋友杰百利在地下城里东游西逛，去寻找好吃的、好玩儿的……别提多么快乐了。但它们时常也会遇到一些小麻烦，那么它们是如何应对的，而在它们的身边又发生过一些什么有趣的故事呢？快，让我们打开本书看看吧……

　　"小地鼠数学游戏闯关漫画书"系列图书，以活泼的童话故事引申出一个个数学问题，由易转难，循序渐进，让小朋友在轻松愉快的阅读过程中不知不觉就能掌握数学解题方法，提高逻辑思维能力。

小朋友，请看几个算式：

1.01的365次方=37.78343433289；

1的365次方=1；

0.99的365次方=0.02551796445229。

是不是感觉很震惊？

1.01=1+0.01，这"0.01"可以看作是每天进步一点儿。这看起来微不足道的进步，在365天之后，竟然增长到了约"37.8"，远远大于当初的"1"！

如果没有这每天的一点儿进步，而是原地踏步，即使过了整整365天，"1"还是当初的"1"，一点儿也没改变。

而如果每天退步一点儿呢？365天之后，原来的"1"竟然减少到了不足"0.03"！

专家推荐

这种让人惊叹不已的对比，其实告诉我们如果每天进步一点儿，积少成多，能带来巨大的飞跃。

如果我们每天进步一点儿，假以时日，就会发生天翻地覆的变化。

请跟随小主人公们的脚步，开始你每天进步一点儿的旅程吧：每天的幽默比昨天多一点点，每天的反省比昨天多一点点，每天的满足比昨天多一点点，每天战胜自己多一点点……

目录

目录

自己挠不怕痒

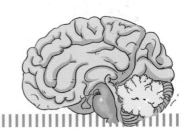

蛤蟆杰百利最近特别喜欢挠皮克的痒痒，让皮克笑得上气不接下气。"不行，我得锻炼一下自己耐痒的能力。"皮克开始每天挠自己的胳肢窝进行"锻炼"。要是习惯了挠痒痒，不就不怕杰百利了吗。可让它奇怪的是，明明自己挠自己一点儿都不痒，但只要杰百利一扑上来，自己还是会笑个不停，这是怎么回事呢？

鼠妇大婶儿解开了皮克的疑问："这是一种防御本能。当别人挠你痒痒时，大脑会发出防御警报，同时兴奋起来。可如果自己挠自己，大脑实际上已经提前通过神经系统指挥手部肌肉去挠痒痒，同时还告诉其他肌肉和神经，即将有人来挠你了。这样一来，早有准备的身体当然引不起大脑的兴奋。但当别人挠你的时候，哪怕你知道这一点，可大脑对具体会挠哪个位置，以及挠的轻重程度无法做出相应的反应。这会让你的大脑随时处于兴奋之中。"

看来，皮克只有放弃"挠痒痒"锻炼了。

★假如你笑的时候，上身有 151 块肌肉在动，下身有 210 块肌肉在动，你身上一共有多少块肌肉在动？

★★假如你和你的 118 个同学去看喜剧，每人坐 1 个位置，每个区域有 12 个位置，10 个区域能坐得下吗？

难点儿的你会吗？

你要在圆形剧院的周围每隔 10 米挂一张笑星海报，上午挂了 26 张，下午挂了上午的一半还少 3 张，你能算出剧院周长是多少米吗？

答案：361 块；12×10=120，比 118 多，能坐下；360 米。

指纹研究

杰百利发现自己家仿佛有人来过，牛奶被喝掉一大半，奶酪也被啃了几口，一定是进了小偷。

"我可以帮你找到小偷，它一定在作案现场留下了指纹。"皮克拿出放大镜观察起牛奶杯表面来，"手指头上的皮肤纹理会在接触过的物体表面留下痕迹，这就是指纹。每个人的指纹都不一样。所以人们利用指纹来鉴别不同人的身份。在中国古代，有人会用自己的指纹来做成印章，以防别人仿冒身份。人们还可以根据指纹的特点来找到罪犯。1875年的时候，达尔文的表弟亨利·弗拉德斯就通过指纹抓获了在实验室里偷酒精的小偷。"

"那么，这枚指纹是谁的？"杰百利聚精会神地看着放大镜下的指纹。它话还没说完，琼迪就从柜子里钻了出来，夺路而逃。看来，小偷正是做贼心虚的琼迪。

10

★如果做一个超大号的面包需要 10 袋面，做一个中号的面包需要 5 袋面，每袋面 2.5 千克，一共需要多少千克面？

★★假如你要乘坐飞机将两个大面包送给你的顾客，飞机每分钟能飞 15 千米，你能算出它一小时会飞多少千米吗？

难点儿的你会吗？

想要打开你的面包店的保险柜，你必须得破译密码锁上的神秘符号所代表的整十数字：○ ×31=15 ○，你能算出这个整十数字是多少吗？

答案：重量 37.5 千克；900 千米；是 50。

11

指纹是怎么形成的

自从捉到琼迪之后，杰百利对指纹产生了浓厚的兴趣："为什么接触到东西就会留下指纹呢？"

"这和手指上的汗腺和皮脂腺有关，只要生命活动存在，就不断地有汗液、皮脂液排出。"皮克解释道，"如果你的手指碰到物体，汗液和皮脂液沾到物体上，印上了手指的纹理，就会形成指纹。"

"那么，如果我们把沾到指纹的东西统统吃光，不就没人找得到指纹，也无法发现是谁干的了吗？"杰百利突发奇想，它和皮克一起溜进了绿侏儒的储藏室，在里面抱着奶酪大吃特吃起来。只要把摸过的奶酪吃到肚子里，绿侏儒一定找不到咱们的"罪证"。

可惜，这两个馋嘴的家伙吃得实在是太投入了，以至于主人绿侏儒出现在储藏室的时候，它们还舍不得离开呢。看来，不需要指纹也能知道是谁干的了。

★你和你的朋友有幸当了侦探，抓大盗需要一些侦探工具，买一个放大镜需要 48 元，买一副手套需要 30 元，买一个夜视镜需要 90 元，假如每样都需要买 2 个，要花多少钱？

难点儿的你会吗？

通过指纹研究，你抓住了 40 个大盗，可是最后发现错抓了 5 个，而抓住大盗的数量和你一样多的好朋友错抓的人数是你的 2 倍，你们一共抓到多少个真正的大盗？

答案：336 元，65 个。

危险的蟾毒素

杰百利和皮克正在森林里游玩，却不知道一条大蛇已经悄悄靠近。当它们发现危险的时候，已经被大蛇逼到了死角。

"别怕！"不知为什么，今天的杰百利格外勇敢。它一把把皮克拉到身后，紧接着身上渗出了许多白色的黏液。正在这时，大蛇已经一头扑了上来。可说也奇怪，它刚刚舔到杰百利皮肤上的黏液，便一头倒在地上。

"这是我的看家本领。遇到危险时，我们的皮肤会分泌黏稠的蟾毒素。蟾毒素里含有能让心脏衰竭的蟾蜍精和让血管收缩的血清素，以及让人产生幻觉的蟾毒色胺等。如果人或其他动物不小心接触到蟾蜍素，就可能肌肉痉挛、心脏停搏而死。所以就连蟾蜍的天敌——蛇都不敢轻易向我们下手。"杰百利自豪地说。

原来杰百利也有这么厉害的一面呀。看着从昏迷中醒来的大蛇慌忙逃走，皮克感慨极了。

14

考 考 你

★假如你想要买几只宠物蛤蟆，一只需要 25 元，买 14 只需花多少钱？

★★要是需要 16 克蟾毒素，才能令一条大蛇麻痹，而你的宠物蛤蟆每分钟能分泌 2 克，要花上多长时间，你才能用蟾毒素对付这条大蛇？

难点儿的你会吗？

你得到了一张尘封已久的蟾毒素配方，那位伟大的药剂师为了不让别人发现他的研究成果，有意用一个符号代替配方上的一个数字，7 △ ×39 ≈ 2800，你能算出△代表多少吗？

答案：重要 350 元；需要 8 分钟；代表 0，1，2，3，4。

15

鲇鱼 的触须

正在水边做日光浴的披旦发现黑鱼墨丘和一个新朋友在游泳。这个新朋友长得真怪啊，它又肥又黑，嘴边还长着两对长短不一的胡须，看上去滑稽极了。披旦忍不住笑出声来。

"这是我的朋友鲇鱼伯利，你可别看不起它的胡须。它的胡须，也就是触须，有用极了。就像蜗牛用触角来感受食物和天敌，鸭子用嘴感受水流的振动，猫用胡须测量空间的长宽一样，鲇鱼能用自己的触须感受水里鱼虾的游动，感受贝壳张开的震动。它现在有两对触须，小时候有三对呢。"墨丘殷勤地向披旦介绍自己的朋友。

"嗨，你好啊。"伯利伸出触须摸向披旦，看上去想要和它打个招呼。吓得披旦转身就跑，在它看来，伯利多半是想用触须感受一下自己的味道好不好吃。

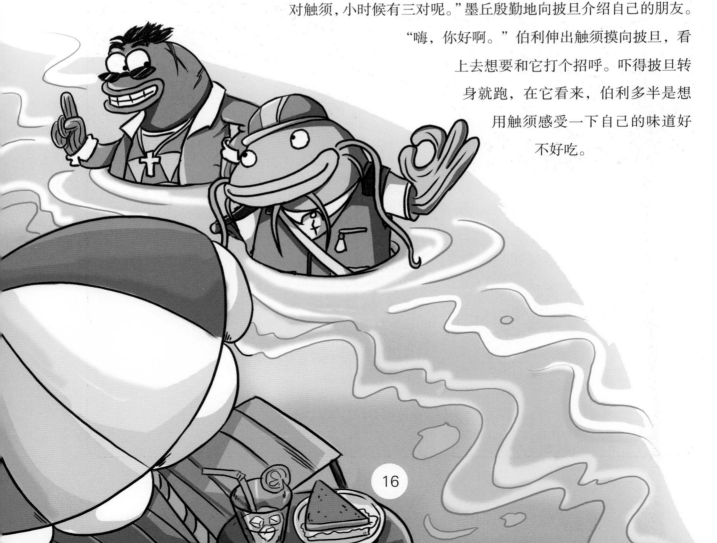

★一条小鲇鱼有 3 对触须，它的妈妈和爸爸各有 2 对触须，它们一共有多少根触须？

★★假如你的宠物鲇鱼一天要吃 34 条水虫，35 天一共会吃掉多少条水虫？

难点儿的你会吗？

假如你在计算你的宠物鲇鱼宝宝数量时，在计算两位数乘两位数的过程中，把第二个因数 32 错写成 38，结果比正确的积多了 96。你能算出正确的积是多少吗？

答案：一共有 14 根触须；能吃 1190 条水虫；正确的积是 512。

17

不可思议的皮肤

　　自打在皮克面前露了一手后，杰百利见到谁都想要评论一番人家的皮肤。这天，在看演唱会的时候，它又对绿巨人指指点点起来："人类的皮肤一无是处，可他还那么得意，真是没有自知之明。"

　　"人类的皮肤也是很有用的，不仅能防止细菌进入体内，还可以根据天气的冷暖调节体温。如果皮肤出现伤口，还能自我修复。此外更特别的是，人类的皮肤伸缩性相当强。"皮克耐心地告诉杰百利，"当人类妈妈怀孕时，肚子可以撑得像两个10斤的西瓜那么大。等生下孩子一段时间后，又会恢复原状。"

　　"这……哼，它总不能保暖吧。"演唱会突然下起大雪，见绿巨人裹上毛毯在寒风中唱歌，杰百利有些幸灾乐祸。不过它忘了，自己和皮克也没有准备足够的衣服，不一会儿它俩就冻得哆哆嗦嗦，连话都说不出来了。

★假如你也要开演唱会，需要3560元来搭建舞台，你攒了987元，还差多少钱？

★★假如你的演唱会请来10名小歌手，请的小丑演员的数量是小歌手的4倍少6人，小丑演员是多少名？

难点儿的你会吗?

如果你的演唱会有41个区域，每个区域坐了86位观众，一共来了多少位观众？

答案：还差2573元；请来34位小丑演员；3526位观众。

疼痛的记忆

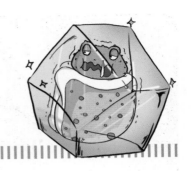

自打在绿巨人的演唱会上冻坏之后，杰百利就特别怕冷。哪怕是大夏天，它也要裹着棉被在火炉前烤火。就算听到"雪"这个字眼，它也会紧张得浑身发抖，大声叫冷。

"我看杰百利是装的吧。"皮克猜测道。但火烈鸟凡奇却摇了摇头说："大脑里左右各有 12 条感觉神经，支配着身体的许多部位。一旦受到外界刺激，疼痛感马上就会传到大脑。要是经过寒冷或烫伤等不愉快的经历，大脑除了马上感到这些刺激外，还会形成持久的记忆。只要相似的情景再次出现，就会刺激大脑做出类似的反应。这是大脑的一种防御本能。"

凡奇的话还没说完，就听见杰百利惨叫起来。原来馋嘴的它伸出舌头去舔火炉边的烤肠，却被烫到了。看来，杰百利又要开始害怕被烫到的感觉了。

20

21

冬眠最长的睡鼠

|||||||||||||||||||||||||||||||||||||||||||||||||||||||||||||||||

凡奇开了一所学校，只招收到一名学生，而它还被这名学生给气得够呛。因为这个小家伙不分白天黑夜，也不分场合都在睡觉。前一秒凡奇还讲得唾沫横飞，后一秒转过来一看，学生已经鼾声如雷了。

"你怕是收错学生了。"菲幽爷爷告诉凡奇，"这是一只大睡鼠啊。睡鼠以出奇地能睡觉而得名。它只有 5 年寿命，可四分之三的时间都花在睡觉上。冬天它要冬眠，夏天它也照睡不误。只有饿了才会在夜里出去找食物。"

当学生怎么能如此贪睡呢？凡奇几次想把睡鼠赶走，可都狠不下心来。因为这小家伙看起来还是挺想学习的。每天一大早就会半闭着眼睛，迷糊着依靠着过人的嗅觉摸索着来到学校。这让凡奇哭笑不得。

★ 一只小睡鼠重 200 克，蝗虫的体重是它的 1/10，蝗虫重多少克？

★★ 假如小睡鼠一天要睡 18 个小时，2 天能睡多少分钟？

★★★ 假如你的宠物小睡鼠每秒能跑 54 米，1 分钟能跑多少米？

难点儿的你会吗？

你准备为你的宠物小睡鼠进行列兵仪式，每个鼠族分 4 列，每列站 18 只小睡鼠，来参加的 22 个鼠族一共有多少只小睡鼠？

答案：20 克；2160 分钟；3240 米；一共有 1584 只。

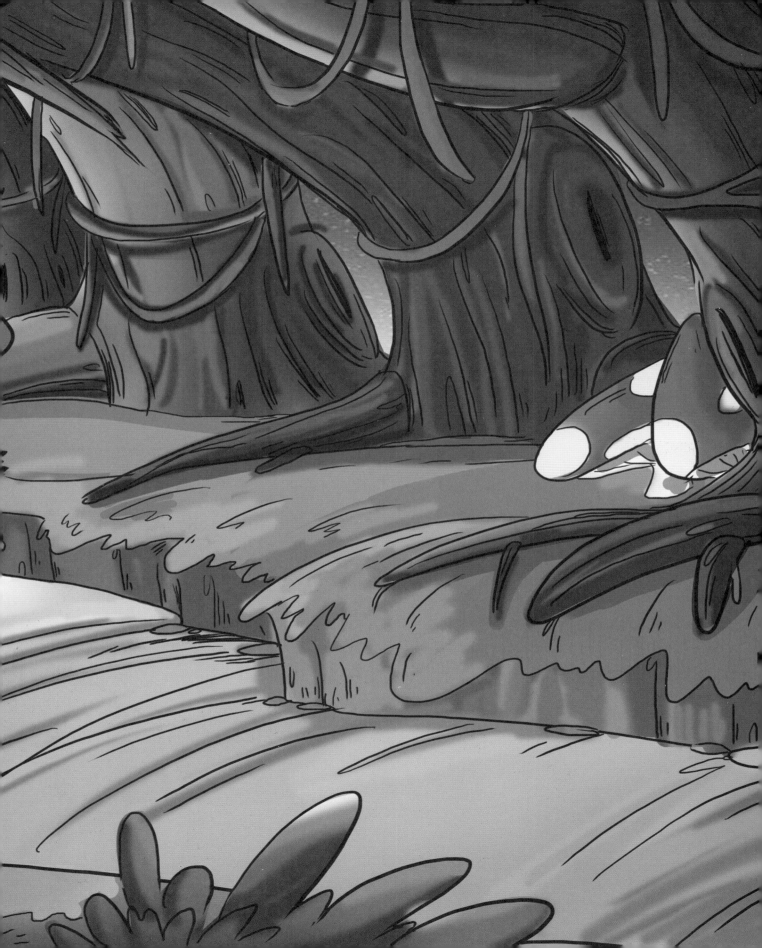

怕热？ 还是怕冷？

杰百利和皮克发现了一件好玩儿的事。每当坐飞行器去北极捕鱼时，绿侏儒的鼻尖就会变红。越冷的地方它的鼻子就红得越厉害，好像一枚红樱桃。

"绿侏儒一定是太怕冷了，所以烤火时凑得太近，把鼻子烤熟了。"杰百利悄悄说道。

绿侏儒听见了，很不高兴："谁说我怕冷！人类的抗寒能力是很强的。实验表明，如果除去空气中的湿气，人类还可以在 $-120\,^\circ\!C$ 的环境中生存一段时间呢。不过，我们的鼻子对寒冷的反应很敏感，天冷时，鼻子的血管扩张，血流增多，以此来抵御寒冷，所以会变红。"绿侏儒解释道。

"这样啊，其实还挺酷的。"杰百利突发奇想，它把自己的脑袋放进冰箱里，想给自己也冻出一个红鼻子。没想到冰箱里实在是太冷了。要不是绿侏儒和皮克及时把它拉出来，杰百利可能已经冬眠了。

★想要冻出一个红鼻头，需要在 –20℃的环境里站上 40 分钟，可是你站了 24 分钟就忍受不了了，还差多少分钟你才能冻出一个红鼻头？

★★假如同学们乘坐飞行器去北极捕鱼，每个飞行器可以坐 40 位同学，已经开走了 7 个飞行器，余下的人数还要坐满 3 个飞行器，一共有多少位同学？

难点儿的你会吗？

假如去年你到北极捕了 120 条鱼，今年捕的鱼的数量是去年的 11 倍少 32 条，去年和今年一共捕了多少条鱼？

答案：还差 16 分钟；400 位同学；一共捕了 1408 条鱼。

27

了不起的蚕

蝗虫花林最近天天都过得提心吊胆，因为它家前后的桑树林一到晚上就传来下雨般的"沙沙"声，而且桑树叶子每天都在减少。后来花林才发现，不知什么时候桑树上出现了许多白色的"小蛇"，圆滚滚，胖乎乎，已经从四面八方把自己家包围了。

"不得了了！"花林向菲幽爷爷求救，"我看它们是想包围我，然后吃掉我！"

菲幽爷爷哑然失笑："它们是蚕啊。蚕的饭量可惊人了，从小时候的蚁蚕到结茧前的五龄蚕，一生中能吃掉0.4~0.6千克的桑叶，吃这么多会让它们的重量增长一万多倍。不过它们现在应该不再吃东西，而是准备结茧了。从一粒蚕茧中可以抽出1500米长的蚕丝，是制作丝绸衣服的上好原料呢。"

花林抬头向上看，真的像菲幽爷爷说的那样，树上的蚕宝宝们已经变成了一个个白色的蚕茧，在风中轻轻摇晃。

考考你

★一只蚕一天要吃掉 0.6 千克的桑叶，假如树懒的食量是它的 2 倍，树懒一天能吃掉多少千克的桑叶？

★★一粒春蚕的蚕丝能有 1500 米长，一粒夏蚕的蚕丝比春蚕短 600 米，春蚕和夏蚕一共长多少米？

难点儿的你会吗？

假如你要为你的宠物蚕宝宝买些桑叶吃，一筐 45 元，重 5 千克，100 元可以买多少千克？

答案：1.2 千克；一共长 2400 米；100 元可以买 11 千克，还剩 1 元。

冰敷

　　为了一盒蚯蚓饼干的报酬，不自量力的杰百利和鳄鱼先生进行了一场拳击比赛。结果可想而知，杰百利的脸肿得连好朋友皮克都认不出来了。

　　"放心，我有办法为你快速消肿。"皮克提来了一大桶冰块，"热敷和冰敷都是通过刺激皮肤来缓解伤痛的疗法。不过使用它们的场合可不一样，热敷可以使受伤部位的血管扩张，加快血液循环，帮助受伤的地方尽快恢复。而冰敷可以促使血管收缩，抑制出血，防止伤口进一步感染，进而起到消肿的效果。"

　　"啊，幸好我没有听绿侏儒的话选择热敷，不然现在一定肿得更厉害了。"杰百利把冰袋搁在脸上，顿时觉得舒服多了。不过，冰敷消肿可得持续很长的时间才行。而杰百利肿得最厉害的地方是它的两个大眼眶。这让顶着冰敷袋出门的杰百利看什么都是朦朦胧胧的，导致它一头掉进了大水坑里。

考考你

★你得来一场冰敷了，上午冰敷了 120 分钟，下午冰敷了 2 个小时，你认为上午冰敷的时间长，还是下午冰敷的时间长？

★★如果 20 分钟的冰敷能让你身上的一个小包消肿，想要让 4 个小包一个一个的消肿，需要冰敷多长时间？

难点儿的你会吗?

为了测验拳击后你的智商到底受了多大影响，医生请你在括号里填上合适的单位：你身上的小包大约是 2 平方（   ），而你的床是 6 平方（   ）。你能行吗？

答案：时间一样长；需要 80 分钟；厘米、米。

吮手指

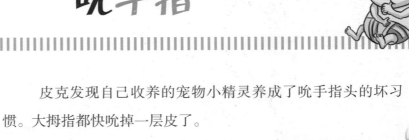

皮克发现自己收养的宠物小精灵养成了吮手指头的坏习惯。大拇指都快吮掉一层皮了。

"我看，它是想吃掉自己，说不定很快就会开始吃你了。"杰百利又开始胡乱猜测。这让鼠妇大婶儿觉得十分好笑："很多小孩子都有吮手指的习惯，这可能是从胎儿时期就产生的行为。

在胎儿三个月大时，就会开始吮手指了。新生儿会通过嘴的吮吸动作来获得安全感，比如吮奶嘴或手指，能让他们感受到母亲温暖的怀抱。要是吮手指的行为太频繁，说明他没有得到足够的关爱。我看，是因为你俩成天只顾自己玩儿，让小精灵觉得很孤单吧。"

听上去鼠妇大婶儿的话很有道理。为了让小精灵改掉这个习惯，杰百利和皮克一个涂脂抹粉扮成妈妈，一个贴上假胡须扮成爸爸，这让小精灵开心极了，从此再也不吮手指了。

32

★假如你超爱吮吸手指的弟弟上个月吮吸了 76 次手指，这个月吮吸了 98 次手指，这个月比上个月多吮吸了多少次？

★★如果 1 颗牙的表面积是 1 平方厘米，24 颗牙齿的表面积是多少平方厘米？

难点儿的你会吗？

为了不让你的弟弟吮吸手指，你扮演美丽的妈妈哄他开心，这样你就需要买一块长 4 分米、宽 3 分米的布料来做花裙子，你能算出要买的布料面积有多大吗？

答案：多了 22 次；24 平方厘米；12 平方分米。

星鼻鼹鼠

皮克、杰百利和浣熊博杰斯背着满满一背囊食物去森林探险。为了轻装上阵，它们把背囊藏在了宿营地里，然后继续向前出发。没一会儿，杰百利大叫起来："我发现了一个怪物！"果然，一只鼻尖上顶着许多触手的家伙正瞪着它们，就好像在鼻子上放了一颗星星那样，看上去奇特极了。

"别害怕，这是星鼻鼹鼠。说起来还是皮克的远亲呢。"博学的博杰斯告诉它们，星鼻鼹鼠的星状鼻有 22 只触手，每秒钟可以触碰 12 处地方，在 1/4 秒内就能确定猎物的位置，因此能在完全黑暗的环境中找到食物，甚至还能在水中搜索猎物。

"哇，这么厉害，那你现在在干什么啊？"皮克热情地向星鼻鼹鼠打招呼。"呃，刚刚美餐了一顿回来。"星鼻鼹鼠支支吾吾地溜走了。

"真是个害羞的家伙。"皮克和杰百利一边嘲笑星鼻鼹鼠一边回到宿营地，却发现背囊里的食物都失踪了。

★星鼻鼹鼠玩儿起接力跑步，一只星鼻鼹鼠跑 100 米，你知道 30 只星鼻鼹鼠一共能跑多少米吗？

★★星鼻鼹鼠的"星状鼻"每秒钟可以触碰 12 个地方，1 分钟下来，它可以碰触到多少个地方？

难点儿的你行吗？

假如你的宠物星鼻鼹鼠拥有一个长方形的巨大宫殿，它的面积是 80 平方米，宽 8 米，你能算出长是多少米吗？

答案：3000 米；可以碰触 720 个地方；长是 10 米。

与众不同的大眼镜

最近，杰百利和皮克总是被夜晚窗外传来的怪响吓醒。据说，有一天杰百利还看见一双古怪的大眼睛在窗外瞪着自己。为了解开谜团，它们在树上布置了一张大网。没想到，真的捉到了一只怪家伙。

"这是眼镜猴啊！"皮克惊讶地喊道，"它是全世界最小的猴子，只有9~12厘米，150克重。可眼睛却长得出奇的大，直径可以超过1厘米！"皮克告诉杰百利，眼镜猴只在夜晚活动，白天则呼呼大睡，平时是很难一睹它的真容的。

"亲爱的朋友，欢迎到地上，来我家做客吧。"杰百利热情地邀请眼镜猴。

"谢啦，我们眼镜猴从不下地，不如你们到树上来做客吧！"话音刚落，眼镜猴就裹着身上的网逃走了。看来，眼镜猴的邀请并不诚恳，要不，它怎么会连自己家的地址都不告诉人家呢？

★假如你的宠物眼镜猴的体长是 12 厘米，是脑袋长度的 3 倍，它的脑袋有多少厘米？

★★假如一个笼子里被你装了 15 只宠物眼镜猴，而你有 60 个笼子，你能算出一共有多少只宠物眼镜猴吗？

难点儿的你会吗？

你要为你的众多宠物眼镜猴搭建一个长方形游乐场，它的周长是 72 米，长是 20 米，你能算出这个游乐场的面积是多少平方米吗？

答案：4 厘米；900 只；思拉普是 320 平方米。

一直拍翅膀的短尾信天翁

蚰蜒琼迪准备坐着独木舟去海岛上推销新款沙发，可才走到半路，就遇到了一个庞然大物。只见它掀起"斗篷"一扇，就把琼迪从船上吹进了海里。要不是遇到了蓝章鱼，琼迪恐怕逃不了喂鱼的命运。

"这是什么怪物啊！"琼迪心有余悸地问道。

"那不是怪物，是一种海鸟——短尾信天翁。"蓝章鱼告诉琼迪，信天翁展开双翼可达2.5米。因为长得太大，即使扇动翅膀也不能马上飞起来。特别是小信天翁，小时候依靠父母轮流喂食。长大后就必须自己学习飞行。但巨大的体形使得它们必须借助风力。因为不知道什么时候才能有风吹来，小信天翁只好一整天不停地拍打翅膀等待。而刚才那个大家伙，就是小信天翁。

"什么？这样的庞然大物只是信天翁的孩子？那它们的父母……"琼迪听得不寒而栗，它也顾不得做什么沙发生意了，赶紧掉头逃回了地下城。

★ 假如一只短尾信天翁一天能吃掉 12 条鱼，想要让它吃掉 360 条鱼，得需要几天？

★ ★ 假如短尾信天翁重 16 千克，而金雕的重量是它的 4 倍少 15 千克，它们一共重多少千克？

难点儿的你会吗?

假如一只短尾信天翁活动需要的空间是 500 平方厘米，4 只短尾信天翁活动的空间是多少平方分米？

答案：需要 30 天；一共重 65 千克；是 200 平方分米。

会放电的鱼

杰百利十分不理解为什么最近黑鱼墨丘总鬼鬼祟祟地躲在水里。它准备前去一问究竟。可刚下水，一股强大的电流就把杰百利电晕了过去。

等它醒来，发现墨丘正在它身边连连道歉："放电的是电鳗，这种鱼看起来圆滚滚的，能长到250厘米，20千克重。别看它行动迟缓，却能随时发出650伏特的高电压，每秒放电50次，如果在水里3~6米范围内遇到它们，连人都会被电昏。我最近欠了电鳗一个金币还不上，才被它追得东躲西藏。没想到连累了你，实在是不好意思。"

墨丘话音未落，被电昏的鳄鱼先生也从水里浮了起来。这让小伙伴们大吃一惊。遇到这么可怕的家伙，看来墨丘还是赶紧还钱为好。

考考你

★ 电鳗的体长是 250 厘米，是多少分米？

★★ 如果在 6 米的范围内就会被电鳗电昏，而你离它的距离是 10 个 50 厘米，你有危险吗？

难点儿的你会吗？

你在游泳池的一个下水管道缺口里发现一条电鳗，想要阻止它游进游泳池，必须堵上长 90 分米、宽 40 分米的一个长方形缺口，你能算出它的面积是多少平方米吗？

答案：25 分米；没有危险，你离；36 平方米。

为什么有的桥会被河水冲垮

这天，地下城下起了大暴雨。青蛙咕咕小姐忧心忡忡地看着窗外，突然一声巨响传来，原来是地下城的大桥被洪水冲垮了。

"我造的桥怎么可能被冲垮？"听到这个消息后，桥的建造师浣熊博杰斯勃然大怒："它又坚固，又美观，桥上还有我精心设计的金色栏杆。绝不可能是桥的质量有问题。"

路过的老海龟解开了博杰斯的疑问："这样的事我见过很多次。有的桥会在洪水来临时被暂时淹没。如果桥上有栏杆，冲下来的树枝等杂物就会被栏杆拦住，从而堆积起来并反复撞击桥体。当桥承受不了这样的冲击力时就会被冲垮。"

"这么说，如果我不设计栏杆，可能桥反而会安然无恙。"博杰斯若有所思。当洪水退去后，它设计了一座没有栏杆的桥。而这座桥也真的没有被洪水冲垮过。

考考你

★ 如果一座桥超出水位线 3 米，洪水每天上涨 30 厘米，几天会将桥淹没？

★★ 假如你建了一座大桥，准备为它安装 64 根栏杆，每根栏杆需要 120 元，你必须得准备多少钱？

难点儿的你会吗？

为了修建一座超级大桥，你准备在一个长 110 米、宽 70 米的长方形地里挖一个大水库，水库四周留 2 米宽的道路，你能算出水库的面积吗？

答案：10 天；需要准备 7680 元钱；长为 110－2－2＝106 米，宽为 70－2－2＝66 米，面积为 6996 平方米。

43

鼠妇大婶儿的
小诊所

松鼠脱毛的顺序

杰百利请松鼠小杰来家里做客，没想到却等来了一个怪家伙。"你是谁？为什么不经邀请就闯进我家？"杰百利生气极了。

"其实，它就是松鼠小杰啊。"皮克仔细看了半晌，笑了起来，"你之所以会认错，就是因为松鼠的毛。松鼠一年会换两次毛，而且不是一下子全换掉。它会按顺序一点一点来换。秋天到了，用来当被子盖的尾巴会最先换上厚毛。接下来，经常坐在地上的屁股和腿会感觉到冷，接着也开始换毛。

然后，在背上披上'毯子'，再戴好'耳罩'，裹上'围巾''帽子''手套'，最后是'口罩'。到了春天，再反过来按顺序换掉这些厚毛。"

"看来，有没有毛发对外表影响这么大啊！"杰百利突发奇想，如果找一顶假发带上，然后溜进绿侏儒的厨房偷面包，不就没人认得出来是自己干的了吗？只可惜它没想到，即使戴了假发还被绿侏儒认出来。绿侏儒气急败坏地追了过来。

★假如你想为你的宠物松鼠换一身衣服，做裤子需要花费 15 元，是衣服价钱的一半，做衣服和裤子一共需要花费多少钱？

难点儿的你会吗?

你要为你的宠物松鼠建一个 20 分米长、7 分米宽的大草坪，草坪中间有一条 2 分米宽的小路，小路左边是正方形，右边是长方形，你知道正方形和长方形的面积各是多少平方分米吗？

答案：需要 45 元；正方形草坪的面积是 49 平方分米；长方形草坪的面积是 77 平方分米。

长颈鹿的"苍蝇拍"

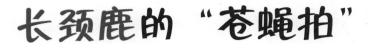

杰百利对长颈鹿的脖子比自己的脖子漂亮这一点耿耿于怀,乘长颈鹿正在忙着指点健美大赛,它掏出一把剪刀,想把长颈鹿的尾巴剪秃:"尾巴变丑了,脖子再漂亮也没用。"可当剪刀刚伸出去,就被长颈鹿的尾巴"啪"一声抽掉了。

"你想干什么?"长颈鹿转过来质问道。

"啊,我……我想帮你赶苍蝇。"杰百利支吾着。

"谢谢啦,不过我的尾巴就可以做这件事。你看我尾巴前端像流苏一样的长毛就有1米,我甩动尾巴就像舞动苍蝇拍那样驱赶蚊虫。我还会突然抽动皮肤,让皮肤激起一层层的'波浪',把停在上面的蚊虫吓走。另外,我的尾巴还可以保持平衡以及发出危险示警信号呢。"

"原来如此,那我就不操心了,呵……"杰百利讪笑着退开,站了才一会儿,它就已经被长颈鹿屁股后的蚊虫咬出一身疙瘩了。

★ 要是你的宠物长颈鹿 20 天可以吃掉 600 千克的草，你能算出它每天平均吃多少千克草吗？

★★ 假如你给你的一群宠物长颈鹿准备了 900 千克的草料，已经吃了 4 天，还有 100 千克没有吃完，它们平均每天能吃多少千克？

难点儿的你会吗?

你的宠物长颈鹿实在太多了，你为它们准备了一个牧场，牧场占地 120 平方米，有 6 米宽，你能算出长是多少米吗？

答案：30 千克；平均每天能吃 200 千克；长是 20 米。

49

树袋熊

绿侏儒请杰百利和皮克来吃饭，饭菜看上去十分丰盛，可不知怎么回事，尝起来却大倒胃口。"这玩意儿像大便一样难吃。"杰百利抱怨道。

"不是所有的大便都那么难吃。"皮克说："树袋熊的食物是桉树叶，但桉树叶对小树袋熊来说还太硬。所以就像人类宝宝断奶时需要吃较软的食物那样，小树袋熊也一样。

只不过它们的婴儿食物是妈妈的大便。当小树袋熊快断奶时，树袋熊妈妈就会排出一种专为断奶准备的大便。这种大便像黏糊糊的绿色液体，跟平时又黑又细又长的大便完全不同。"

皮克正说得口若悬河，站在身后的绿侏儒听了个一清二楚："好啊，枉我准备了那么多饭菜。今天你们必须把这些饭菜全吃光，否则别想离开我家！"

天哪，皮克为自己的口不择言后悔得都哭出来了。

★假如树袋熊妈妈要花上 4 个小时的时间，才能将叶子加工成宝宝喜欢吃的大便，你能算出一共是多少分钟吗？

★★你和你的好朋友要为你的宠物树袋熊采摘树叶，6 天一共摘了 480 千克，这样下来，你们平均每天摘了多少千克？

难点儿的你会吗？

在这个假期，你要带 568 只宠物树袋熊去吃树叶汉堡大餐，分 3 批进入餐厅，你能算出平均每批进入餐厅的树袋熊大约是多少只吗？

答案：240 分钟；每天摘了 80 千克；大约 190 只。

动物的肚脐

青蛙咕咕小姐交给来澡堂打工的杰百利一个任务：帮客人们搓洗肚脐眼儿。可它很快发现，不是所有的客人都有肚脐眼儿。

"有些动物有肚脐，有些动物没有。肚脐是胎儿和母亲连接身体的地方。在受孕母亲的子宫里有个叫'胎盘'的东西，一根软管把胎盘和胎儿的肚子连接在一起。这根管子叫脐带，它可以把营养输送给胎儿。当胎儿出生后，脐带就会脱落。肚皮上就会留下一个脐带脱落后的伤疤，这就是肚脐。所以，只有胎生动物才有肚脐。卵生动物像鳄鱼、蛇和鸟是没有肚脐的。"咕咕小姐解释道。

"这不对啊？"杰百利记得它刚才明明还帮鳄鱼先生洗肚脐眼儿来着，因为洗得太用力，连肚脐眼儿都洗掉了。这时，它突然听到鳄鱼先生在大喊："我贴在肚皮上的膏药呢？谁偷走了我的膏药？"

"看来我又闯祸了。"杰百利赶紧溜走了。

★ 如果你有 248 个有肚脐的小宠物，分别是 4 个不同的种类，每个种类大约有多少个？

★★ 为了喂饱你的小宠物，你搬来 720 盒罐头，要装进 8 个箱子里，平均每个箱子要装多少盒？

难点儿的你会吗?

在为你的宠物表演杂技的晚会上，你要表演飞盘子，在 3 分钟之内，你一共抛出 135 个盘子，平均每分钟你抛了多少个盘子？

答案：62 ↓；要装 90 盒；平均每分钟抛 45。↓

鲸鱼

听说鲸鱼也像人一样呼吸，兔子埃菲先生赶紧进了一批超大号的口罩，坐船出海准备卖给鲸鱼。可当它历经千辛万苦找到鲸鱼后，却"哇"的一声哭了出来："这些家伙根本就没有鼻子嘛，我可亏得血本无归了！"

听到埃菲先生的哭声，鲸鱼们纷纷前来一问究竟。它们告诉埃菲，鲸鱼可不是鱼，而是哺乳动物，最大的 16 万千克，最小的也有 2000 千克。因为没有鳃，它们确实是用鼻子和肺来呼吸的。只不过，鲸鱼的鼻子是长在头顶上的，有的一个鼻孔，有的是两个。潜水时鼻孔会闭合，浮出水面呼吸时才会打开。那时会喷出水柱，就像喷泉一样壮观。

"原来是这样，不过我的口罩型号看起来不适合你们的鼻子。"埃菲恍然大悟。

"没关系，虽然当口罩不合适，但也许我们可以用来当手帕用。"好心的鲸鱼们看埃菲先生如此失望，纷纷慷慨解囊，买下了它的口罩。

★你知道 16 万千克是多少吨吗?

★★最小的鲸鱼有 2000 千克重,而河马的重量只是它的一半,河马有多重?

★★★你有 6 头有 1 个鼻孔的宠物鲸鱼,有 2 个鼻孔的鲸鱼是 1 个鼻孔的鲸鱼的 30 倍,你一共有多少头鲸鱼?

难点儿的你会吗?

你的鲸鱼一天吃两顿饭,一共吃了 406 条小鱼,你能算出它一顿吃了多少条小鱼吗?(你要注意被除数的中间有 0)

答案:首 160 吨;1000 千克;有 186 头;203 条小鱼。

兔子眼睛的颜色

财迷心窍的琼迪最近打起了兔子埃菲夫妇的主意。它提着一盒礼物登门拜访："有人说你们的眼珠是红宝石做的，我能用一盒胡萝卜来交换吗？"在琼迪看来，缺钱的兔子一家一定会答应这笔买卖的。

"你疯了吧？"埃菲太太说，"我们眼睛的颜色和身体里的色素有关。含灰色素的兔子，眼睛和毛发是灰色的；含黑色素的兔子的眼睛则是黑色的；白兔不含色素，眼睛其实没有颜色，之所以看起来像红宝石，那是眼球里毛细血管流动的血液颜色。再说了，即便我的眼睛是红宝石做的，换给你，我岂不是什么都看不到了吗？"

"商量一下嘛！"还不死心的琼迪想凑近验证一下埃菲太太说的是否是真话，却被生气的埃菲先生一个后蹬踢飞了出去，正好砸坏了鳄鱼先生的摩托艇。看来，贪心的琼迪得先摆脱鳄鱼先生的追捕了。

★假如你有灰兔 56 只，白兔的数量是灰兔的 2 倍，你一共有多少只兔子？

★★你的大黑兔有 12 千克重，小白兔的重量是它的 1/6，你能算出小白兔重多少千克吗？

★★★一只小兔有 30 厘米高，25 只小兔摞在一起一共有多少分米高？

难点儿的你会吗?

你的兔子先生考了你一道题：在○ 56÷7 中，○最大填（ ）几时，商是两位数；○最小填（ ）时，商是三位数。你能不让你的兔子先生失望吗？

答案：一共有 168 只，重 2 千克，一共有 75 分米高，最大是 6，最小是 7。

57

太空服

　　杰百利最近萌发了太空探险的梦想："要是能登陆火星就好了。"皮克摇了摇头："就这样去可不行，你得有一套太空服。"它告诉杰百利：太空服包括头盔、压力服、通风和供氧软管。还有专门的手套、靴子和各种附件，能有效防范高温、低温和有害气体，还能防辐射、防紫外线和微陨石撞击。太空服里的液冷系统还可以保证人体的热平衡，从而持续在舱外活动 8~9 个小时。

　　"听上去并不难。"杰百利马上用旧被子、羽绒服和洗衣机软管缝制起太空服来。很快，一套古怪的"太空服"就完工了。为了实验太空服的效果，杰百利决定先"登陆"自家的菜园。可两个小时之后，"太空服"就让它热得快要虚脱，连菜园里刚种下的菜苗都被渴得不行的杰百利啃了个精光。

★舱外航天服有 275 磅重，而杰百利制造的航天服只有 80 磅重，它们相差了多少磅？

★★带上一个背包装置可以在舱外活动 9 个小时，如果带上 15 个背包装置，可以在舱外活动几个小时？

难点儿的你会吗？

假如你和你的伙伴们在火星上 6 分钟捉住了 624 个小火星人，你能算出平均每分钟捉住了多少个小火星人吗？

答案：相差 195 磅；135 小时；本均每分钟捉住 104 个。

袋鼠的育儿袋

袋鼠忠威到处夸耀自己娶了一位美丽的太太，可杰百利却总是嘲笑人家："哪里美丽了？看她的肚子又大又圆，比忠威自己的啤酒肚还要大上一圈儿呢。"

皮克好心地提醒杰百利："那并不是袋鼠夫人长得胖，而是因为里面装了个小宝宝。"原来，袋鼠的口袋是育儿袋，平时紧缩起来就像一个肚脐。而袋鼠的胎儿和母体之间没有胎盘和脐带连接，小袋鼠刚出生时发育并不完全，因此它必须藏在妈妈的育儿袋里继续发育，所以育儿袋看起来就鼓鼓囊囊的。

"原来如此，不过我看袋鼠夫人刚才整理育儿袋时好像掉了什么东西出来。万一是钱呢？"杰百利赶上前去一脚踩住，这样就可以偷偷据为己有了。没想到它踩到了一脚粪便。原来，刚刚是袋鼠夫人在清理小宝宝的粪便啊。

60

★ 假如刚出生的小袋鼠只有 80 克，在妈妈的育儿袋里每天能长 20 克，长到多少天才有 1200 克的重量？

★★ 忠威每天要花 6 个小时照顾它的小宝宝，剩余的时间全是它的太太在照顾，它的太太每天要花上多少分钟照顾宝宝？

难点儿的你会吗？

假如你准备为你的宠物袋鼠宝宝买些奶粉喝，在计算钱数时，把除数 6 错写成了 3，结果得 242，正确的得数应该是多少？

答案：长到 56 天；1080 分钟；正确的得数是 121。

毛茸茸的鹿角

"它的角可真美啊！"杰百利看着正在泡澡的梅花鹿感叹道。

"那当然，那对毛茸茸的角可是梅花鹿的骄傲。"皮克告诉杰百利：鹿的种类不同，但相同的是它们都会定期换角，旧角脱落之后新角才会生长，新的鹿角比较柔软，上面有一层绒毛，里面还有密集的血管，依靠血管为鹿角提供血液和营养，鹿角才会不断生长。随着年龄增长，鹿角的杈会越来越多，从2个、3个到4个，最后长得像威风凛凛的大树杈一样。

"这样啊！"杰百利羡慕地看着梅花鹿离开，才想起要是管它要去年脱下来的旧角来装点客厅一定很酷。对了，自己的邻居黄牛希布尔也有角，不如先找希布尔要一对吧。

杰百利没想到的是，牛可不像鹿那样定期换角，牛角可是伴随牛一生的。听说杰百利竟敢打自己角的主意，气坏了的希布尔一头朝杰百利冲来。

考考你

★ 如果每头鹿长 2 个角，23 头鹿一共长了几个角？

★★ 要是你也长角了，比你的 2 角梅花鹿多长了 42 个角，你能算出你们一共长了多少个角吗？

难点儿的你会吗？

如果你的宠物梅花鹿一年换一次头上的两只角，每只角能卖 650 元，你需要攒上几年能买一台 12000 元钱的电脑？

答案：一共长了 46 个角；一共长了 46 个角；每只重要 10 年，才为能得卖 1000。

长颈鹿的角

自从向希布尔借角差点儿被顶翻之后，杰百利对各种动物的角产生了浓厚的兴趣。很快，它发现长颈鹿头上长的不是角，而是蘑菇。"哈哈，太好笑了，一定是不爱干净，都脏得长蘑菇了。"兴奋的杰百利逢人便提起自己的新发现。

"长颈鹿头上的才不是蘑菇，而是角。这是它头骨的一部分，刚出生的小长颈鹿头骨上除角外还长有流苏一样的毛，长大后会慢慢褪掉。其次，在它的耳朵和眼睛后面还各自长着一对非常小的角，要是不仔细看基本无法发现。"皮克告诉杰百利，"长颈鹿很生气，正在到处找你。"

"只要我不出门，长颈鹿总没法儿找我麻烦了吧？"杰百利躲在家里暗想。可是它百密一疏，长颈鹿靠自己长长的脖子从烟囱里探出头来："你这个胡说八道的家伙，今天必须得给我一个解释。"

64

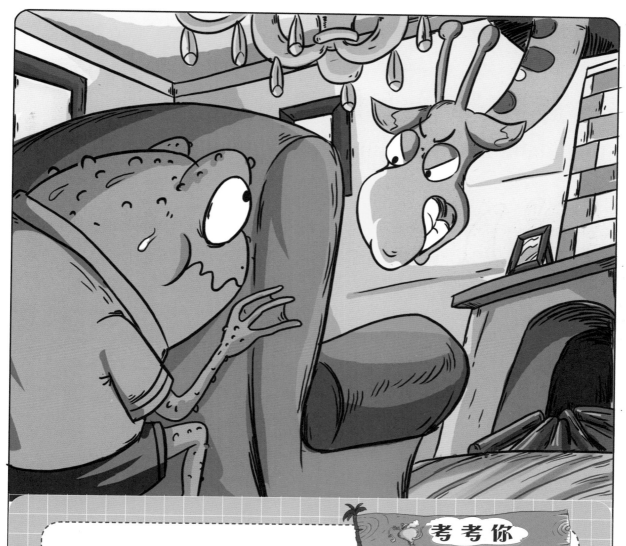

★你的宠物小长颈鹿高 3 米，而你的好朋友的宠物长颈鹿的身高是 9 米，它是你的小长颈鹿的身高的几倍？

难点儿的你会吗？

假如你的宠物长颈鹿 6 分钟可以吃掉 180 片叶子，你的好伙伴的宠物长颈鹿用的时间只有你的宠物长颈鹿的 1/3，而你的弟弟的宠物长颈鹿用时只有你的宠物长颈鹿的 1/2，你们三个人的宠物长颈鹿每分钟分别吃掉了多少片叶子？

答案：3 倍；你的长颈鹿每分钟吃 30 片；你好伙伴的长颈鹿每分钟吃 90 片；你弟弟的长颈鹿每分钟吃 60 片。

犀牛鼻子上的"牙齿"

犀牛多古前来地下城拜访老朋友菲幽爷爷。大家听说犀牛只有一颗牙齿，而且还长在鼻子上，纷纷表示要请犀牛来自家吃饭。按照杰百利的小算盘，一颗牙齿吃饭一定很不方便，也吃不了什么东西。这样既可以表现自己好客，又省了钱，不是一举两得吗？可到了午餐时间，它们看到的却是狼吞虎咽的多古。

"我鼻子上的不是牙齿，而是角。别看它很威风，其成分和你们的头发还有指甲是一样的。刚出生的小犀牛没有角，但随着年龄的增长，角会越长越长，所以我们得不时打磨它，把角磨得尖尖的。"犀牛多古一边吞下一个大汉堡一边说道，"我的角还算少的呢，地球上有 5 种犀牛，其中还有两只角的品种哟……对了，明天轮到谁请我吃饭？"

"天哪，失算了，照这个吃法，我非破产不可！"杰百利和皮克等人后悔不已。

考考你

★你要将 12 棵树平均分给 3 头犀牛磨角，平均每头犀牛得到多少棵树？

★★如果犀牛一天不磨角，角会长长 5 厘米，要是 30 天不磨角的话，长长了多少分米？

难点儿的你会吗？

假如这个星期的前 3 天，你的宠物犀牛共磨掉 306 克的角，按这样计算，一个星期下来，它能磨掉多少克的角？

答案：每头分到 4 棵，长长 15 分米，平均每天磨掉 102 克，一个星期能磨掉 714 克的角。

67

多种多样的洗澡方式

　　杰百利悠闲地泡在咕咕小姐家的澡堂里，自鸣得意地说道："在动物界，还是我们最爱干净。那些陆地上的动物就从没见过它们来洗澡的。"

　　"你这就是戴着有色眼镜看人了。"斑点狗卓诗玛刚好从旁边走过。它笑着告诉杰百利，"不同的动物有不同的洗澡方式。有的动物如乌鸦和鸽子也会在水洼里扑腾翅膀，清理身体。而有的鸟类，比如麻雀和鸵鸟，则是用沙子来'干洗'。犀牛和野猪喜欢来个'泥浆浴'，通过在泥塘里打滚儿的办法清理身上的寄生虫。猴子就更是泡温泉的常客了。至于猫和狗嘛，更喜欢用舌头舔自己的身体来'洗澡'。"卓诗玛边说边伸出滴答着口水的舌头舔向杰百利，想给它表演一下狗的洗澡方式。这吓得杰百利赶紧往岸上逃，却没想到咕咕小姐拿着账单正等着它结算这一年来的洗澡费呢。

　　看来，以后得换个不花钱的洗澡方式了，小气的杰百利暗自嘀咕。

★咕咕小姐的浴池长 80 米，宽 60 米，它的面积是多少平方米？

★★假如咕咕小姐的正方形浴池的周长是 36 米，你能算出它的面积吗？

★★★如果咕咕小姐的浴池的面积是 80 平方米，宽是 8 米，你能算出长是多少分米吗？

难点儿的你会吗？

咕咕小姐要修建长方形的浴池，如果它的长不变，宽增加 4 米，面积就增加了 36 平方米，这时正好转化成正方形，你知道原来长方形的面积是多少平方米吗？

答案：4800 平方米；面积是 81 平方米；长是 100 分米；是 45 平方米。

火烈鸟的脚后跟

火烈鸟凡奇的奔跑速度在地下城可谓一绝，琼迪想偷学它的本领，这样就可以躲开债主的追赶了。经过仔细观察，它发现火烈鸟膝盖的弯曲方向和大家相反。"看来要跑得快，首先得把自己的膝盖变成凡奇那样。"琼迪一狠心，找医生给自己的膝盖做了个反向弯折手术。很快，它的惨叫声就响彻了整个地下城。

"你搞错了！"来探望的皮克告诉琼迪，火烈鸟的膝盖并不是朝相反方向弯曲的。它的"膝盖"实际是脚后跟，真正的膝盖藏在羽毛覆盖的大腿里。和地面接触的爪子实际全是脚趾，前面三根脚趾，后面一根，看上去就像踮脚一样。这种构造让它的脚后跟和脚趾相距甚远，难怪会让大家把脚后跟看成膝盖了。

"看来，我还得找医生把我的膝盖折回去。"琼迪哭丧着脸说道。

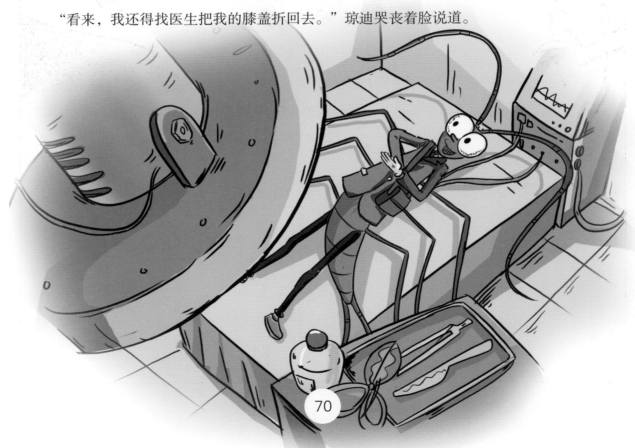

★假如 25 只火烈鸟的脚趾一共重 32 千克，是大象的脚趾重量的六分之一，大象的脚趾重多少千克？

★★假如你的动物园里一共有 448 只火烈鸟，你想为它们分 8 个房舍，每个房舍分 7 个房间，你知道一个房间居住了多少只火烈鸟吗？

难点儿的你会吗？

你得为你的动物园里的火烈鸟准备一年的食物，4 辆大货车一次能运 32 吨食物，一次运完 200 吨的食物，需要派多少辆这样的大货车？

答案：重 192 千克；一个房间居住 8 只；要派 25 辆。

猪的乳头

埃菲太太和白猪茉茉夫人一见面就喜欢互相夸奖对方："埃菲你真能干，一胎就能生那么多孩子。"

"哪里哪里，我一胎生 6 个孩子；还是你厉害，一胎就生了 10 个孩子呢！"面对茉茉夫人的夸奖，埃菲太太这样说道。

"它们为什么一次能生那么多孩子？"路过的杰百利困惑极了。

鼠妇大婶儿解释道："哺乳动物的生殖能力和哺乳器官的多少是有关系的，并根据实际需要来进化的。哺乳动物最少的也有两个乳头，而猪每次会生十几二十头小猪，所以乳头也多。猫每次能生 3~5 只小猫，因此有 6~8 个乳头。狗有 8~10 个乳头，仓鼠有 8~14 个乳头。就像眼睛和耳朵一样，都是左右对称的。"

听鼠妇大婶儿这么说，杰百利打了个冷战。幸好蟾蜍是卵生而不是哺乳动物。不然自己每次下几千枚卵，岂不是乳头长得连眼睛都没地方放了？

72

★ 1头猪每次能生20头小猪，3年能怀孕8次，它一共可以生多少头小猪？

★★假如你的宠物猫咪每次能生3只小猫，而你的宠物狗所生小狗的数量是猫咪的3倍，你的宠物狗一次能生几只小狗？

难点儿的你会吗？

如果1只仓鼠1次能生10只小宝宝，你知道10只仓鼠10次一共能生多少只小宝宝吗？

答案：生160头小猪，9只，能生1000只。

最小的鸟

最近绿侏儒养的花总被人搞得乱七八糟，也不知道是谁干的。杰百利自告奋勇要揭开这个谜团："让我躲在窗帘后面，就可以找到捣蛋鬼。"果然，蹲守了一天之后，它听到一种奇怪的"嗡嗡"声。杰百利冲出来，发现一只奇怪的小家伙正在吸食花蜜："逮到你了，捣蛋鬼！"。

"我不是捣蛋鬼，我是蜂鸟——世界上最小的鸟，仅重1.8克，能像昆虫一样靠快速拍打翅膀悬停在空中，还可以向后飞行。因为我拍打翅膀的频率可以达到每分钟几千次，所以总是发出嗡嗡声。"蜂鸟向杰百利自我介绍道。

"太神奇了，你等等，我向朋友介绍一下你！"杰百利赶紧喊来绿侏儒，可蜂鸟早已飞走了。任凭杰百利把花盆翻了个底朝天也没见到它。这下子，它得赔绿侏儒一盆全新的花。

74

★ 1 只蜂鸟重 1.8 克，56 只蜂鸟加在一起的重量是多少克？

★★假如一只蜂鸟 1 分钟可以拍 1200 次翅膀，一个小时它能拍上多少次翅膀？

难点儿的你会吗？

如果你的宠物蜂鸟的心脏一分钟可以跳 640 次，而你的心脏只能跳 80 次，它的心跳速度是你的几倍？

答案：100.8 克；72000 次；8 倍。

羽绒

杰百利刚要出门，就被狂风暴雨给赶了回来，冷得直发抖。"没有鸟儿那样的羽毛，你就别出门了。"

皮克提醒它："鸟除了长在外面的羽毛外，下面还有一层羽绒。以天鹅为例，它的羽绒上覆盖着一层油脂，因为防水，所以能保证下面的羽绒一直干燥蓬松。所以哪怕狂风暴雨，鸟儿也并不怕冷。"说到这里，皮克拿出一根羽毛，"看，我在羽毛上撕开一条口子，但只要轻轻一捋，它就又像拉链一样闭合起来了，这样雨水就不会沾湿身体。所以鸟儿才不停地用喙来梳理羽毛，确保羽毛没有漏洞。"

"原来是这样，那把捡来的羽毛做成羽绒服不就不怕雨了吗？"杰百利真的裹着这样一件"羽绒服"就出门了。它不知道的是，捡来的羽毛没有油脂的保护，根本起不到防水保暖效果，很快就被淋成了落汤鸡。

★ 如果 98 克的羽绒可以做一双羽绒手套，做羽绒服的重量是它的 8 倍，你知道做一件羽绒服需要多少克的羽绒吗？

★★ 假如一只小鸟长了 300 根羽毛，鸵鸟的羽毛数量是它的 15 倍，一只鸵鸟长了多少根羽毛？

难点儿的你会吗？

如果你动一动脑筋的话，能不能说出展开翅膀的小鸟是不是轴对称图形？

答案：羽绒重 784 克；4500 根；对称图形的鸟身与物体可以分为两等分，两部分完全一样，所以展开翅膀的小鸟是轴对称图形。

猫在埋宝藏吗

　　一心想发财的蚰蜒琼迪盯上了猫咪们："它们每天神神秘秘地挖坑埋着什么东西，不会是宝藏吧？要是我把它们全拿走，岂不是发财了？"

　　其实琼迪不知道，猫埋的不是宝藏，而是自己的粪便。之所以这样做，是因为猫是猎食动物，它怕自己粪便的气味吓跑猎物，或者引来天敌的袭击，所以排便后会仔细地用前爪把大便埋起来，以便隐藏自己的踪迹。可琼迪哪里知道这些，它辛辛苦苦地把粪便全挖了出来："嗯，真狡猾，竟然把宝贝藏在屎里。看来，我还得捏着鼻子冲洗一下才能找到。"

　　琼迪想不到的是，它的行为让猫咪隐藏踪迹的苦心全白费了。愤怒的猫咪们大喊着冲向琼迪。而到了这时，无知的琼迪还边逃边抱着"宝贝"舍不得放手呢。

★ 如果你的宠物猫每次大便，再加上掩埋的时间需要 15 分钟，一天要是 2 次大便的话，30 天下来，它要花费多少分钟？

难点儿的你会吗？

为了阻止琼迪发疯，猫小镇想在公厕上安装一扇能上锁的门，门宽 55 厘米，门口到马桶的距离是 35 厘米，它们应该安装旋转门，还是平移门？为什么？

答案：要花上 900 分钟；应该安装平移门，因为门宽 55 厘米，门口到马桶的距离是 35 厘米，如果安装旋转门，与墙会影响它的门的开关。

79

草原清道夫

皮克和杰百利坐着绿侏儒的飞行器前往东非大草原旅游。才一落地杰百利就被面前的景象惊呆了："乖乖，这么多动物，它们每天肯定会拉很多便便。我敢说用不了多久，广阔的草原就会被它们的便便堆满。"

"你真是杞人忧天。"皮克告诉杰百利，"大自然有各种方法来分解便便。其中的主力军是毫不起眼儿的屎壳郎，粪便对它们来说是营养丰富的大餐。这些小昆虫会把粪便滚成一个个滴溜圆的小球，随后在里面产卵并吃掉粪便。当屎壳郎再次排出粪便时，微生物又会再一次分解这些残渣，把它们变成肥沃的土壤。"

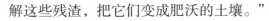

"那动物的尸体又由谁来分解呢？"杰百利问道。

"秃鹫和很多食腐甲虫都可以做到，它们是草原的清道夫……"皮克还没说完，就一把扯起杰百利逃回飞行器。原来，一只秃鹫正恶狠狠地看着它们，谁知道秃鹫今天是不是想换个口味呢？

★如果一只屎壳郎 5 天能制作 10 个小球，每个小球里产 6 枚卵，它平均一天产了多少枚卵？

★★如果一只屎壳郎需要吃掉 7 千克的粪便，才能净化 10 平方米的土地，你想要净化 1 公顷的大草坪，需要安置多少只屎壳郎？

难点儿的你会吗?

你知道你的宠物屎壳郎绕着某一个点或轴做运动的现象叫什么吗？物体的（　　）、（　　）都不改变。

答案：产了 12 枚卵；需要安置 1000 只；叫作旋转，形状、大小。

大象的扇子

黄牛希布耳结交了一位大象朋友后，整天总是唉声叹气："唉，要是我有一对它那样的大耳朵就好了。只要扇动耳朵，保证没有一只牛虻敢叮我。"

蛐蜒爷爷听到希布耳的抱怨后劝道："大象扇动耳朵可不是为了驱赶蚊虫。大耳朵对它来说，就像蒲扇一样可以消暑降温。耳朵不但能为全身带来凉风，还能促使耳朵里的毛细血管加速散热。当全身的血液都这样循环时，就可以让整个身体变得凉爽起来。这跟夏天你把脚放进冰水盆里就可以让全身凉快是一个道理。"

"对呀，还可以这样降温！"蛐蜒爷爷的话启发了杰百利。它迫不及待地跑到绿侏儒家，果然找到了一个现成的"冰水盆"。把双脚泡进去后，全身一下子凉爽极了。

"天啊，你为什么要用我刚做的一盆冰激凌泡脚？"这下绿侏儒可要被不长眼的杰百利气疯了。

★假如你要为你的宠物大象买一些水果，买6个苹果需要25.3元，买19根香蕉需要12.5元，买8个橘子需要3元钱，你能找出哪些钱数是小数吗？

难点儿的你会吗？

有一天，你领你的宠物小象宝宝去称体重，在称重员报读数时，把原来的一个小数读错了，由于没有看到小数点，结果读成九千零六千克。原来的小数读出来也只读一个零，你能帮他说出原来的小数是多少吗？

答案：25.3和12.5是小数；90.06。

83

两只**眼睛**

虫博士想要进行一项前无古人的研究——找到只有一只眼睛的动物。可它耗费了大半生的心血也没能研究出个名堂来。

"别瞎胡闹了。"利普托迪鲁斯甲虫劝它，"动物进化的特点之一就是对称。除了我这样天生眼瞎的，凡是有眼睛的动物都是以偶数对眼睛出现的。要知道，比起一只眼睛，两只眼睛看东西更立体，能更精确地测量距离，还能看到更广的视野。寻找猎物

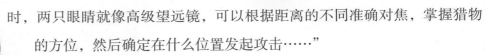

时，两只眼睛就像高级望远镜，可以根据距离的不同准确对焦，掌握猎物的方位，然后确定在什么位置发起攻击……"

"天哪，想不到你虽然没眼睛，却知道这么多关于眼睛的事。"虫博士啧啧称奇，它心血来潮，想试验下看不见东西的生活是不是真的那么不方便。于是它闭上眼睛，伸出手胡乱摸索起来。很快，它的手指碰到了灼热的白炽灯，手指传来的剧痛证明了眼睛确实是再重要不过的器官了。

★ 假如你的望远镜可以看到100米远，你的伙伴的望远镜的倍数是你的8倍，他能看多远？

★★ 如果你想在腿上安9只眼睛，在肚子上再安7只，你现在一共会有几只眼睛？

难点儿的你会吗？

假如你去买一瓶眼药水，药店的老板告诉你需要花费1/2元，你知道用小数表示是多少元吗？

答案：星800米远；18只眼睛；0.5元。

视觉

　　为了帮助虫博士做独眼实验，戴上眼罩的杰百利四处碰壁，撞得鼻青脸肿，惨不忍睹。鼠妇大婶儿为它上药时说："看东西时，光线和色彩都是由眼睛的视网膜成像后，再通过神经传输给大脑，这样我们才知道看见了什么。两只眼睛的位置不一样，看到的东西也有差别，只有经过大脑的合成才能让我们感受到物体的空间感，形成立体视觉。你只用一只眼睛，自然无法准确判断物体的距离和位置。"

　　"要是我有很多眼睛呢？"杰百利问道。鼠妇大婶儿告诉它，那就会像苍蝇的复眼一样，把一个物体看成多个。这一点倒是启发了杰百利：如果把苍蝇黛西的一篮子豆子偷吃到只剩一粒，它不是照样看不出来吗？果然，苍蝇黛西没有发现杰百利的恶作剧。但杰百利吃多了豆子疯狂放屁，气得连皮克和绿侏儒都想揍它了。

★假如你想为你的宠物青蛙买一盒虫饼干，标价是九元五角，你能用小数写出来是几元吗？

★★原本在 5 米处可以看到的景物，如果蒙上一只眼睛，你必须站在 35 分米的地方才可以看到，这时候用小数表示是多少米？

难点儿的你会吗？

杰百利蒙上一只眼睛的视力是 23 厘米，也就是 23/100 米，你能用小数表示出来吗？

答案：9.5 元；3.5 米；0.23 米。

粉红色的河马

最近，咕咕小姐的游泳池来了位不速之客。它长达4米，重达3吨，光一颗下犬齿就有2.5千克，成天张着大嘴巴泡在水里，太阳一晒，浑身还流出鲜血。据说，一些没见过世面的小鱼不小心游进它嘴里变成了午餐……这些传言让咕咕小姐哭笑不得："其实，它是来我这里做鱼疗的河马啊。之所以身体血红，是因为它的皮肤上有一种特殊的腺体，可以分泌红色的体液，就像护肤霜那样可以保护皮肤。游到它嘴里的是霓虹刺鳍鱼，专吃河马等动物嘴里坏掉的组织和食物残渣，被叫作鱼医生。"

听咕咕小姐这么说，爱贪小便宜的杰百利赶紧躺到了河马的舌头上，准备也享受下免费的鱼疗。这可把大河马气坏了，它决定闭上嘴巴，让杰百利好好"享受"下自己口气的滋味。

88

★一头河马的身高是 2 米，想要爬到它的身上，你能够使用三个梯子：1.8 米高的，240 厘米高的，4.3 分米高的，你会选择哪一个？

★★河马的一颗下犬齿重 2.5 千克，如果你的车子载重是 100 千克，能拉上几颗这样的下犬齿？

难点儿的你会吗？

假如你要为你的三头宠物河马宝宝量身高，欧妮高 1.3 米，珊琳高 1.4 米，皮特高 0.8 米，你认为欧妮和皮特谁高一些？皮特和珊琳谁的个子更矮？

答案：240 厘米高的，40 颗；欧妮高，皮特重矮。

雄狮的睡眠

一向冷静的皮克慌慌张张地逃进森林："不好了！快藏起来！狮子来了！"

"什么是狮子？"杰百利大惑不解。皮克告诉它："狮子是一种群居动物，经常 20 多头一起生活。平时雌狮捕猎，雄狮边咆哮着边巡视自己的领地。它们不吃则已，吃的话一顿饭就可以吃三十多千克肉，接下来一星期都不怎么吃饭，懒洋洋地趴着休息。可别小看它这副样子，却是草原上最凶猛的肉食动物。"

"我看那是吹牛。"杰百利说，"凡是把花环套在脖子上的家伙，都是没什么本事又爱炫耀的懦夫。地下城的森林里就有很多凶猛的动物，比如鳄鱼先生……"

"那不是花环，是雄狮的鬃毛……"皮克正要解释，却发现杰百利目瞪口呆地看着前方，原来狮子和鳄鱼先生不知为什么争吵了起来，鳄鱼先生被狮子一拳打趴在地上。

看来，杰百利要收回自己的话了。

★雄狮体长 260 厘米，用米表示是多少米？

★★假如你有 20 头宠物狮子，你的伙伴拥有的数量只是你的 1/5，你们一共拥有多少头狮子？

难点儿的你会吗？

你的管家今天刚好不在，他这个人有点儿古怪，平时的食料单上的数字只有他看得懂，可是你要喂你的狮子，就必须得知道"用 1，2，3 和小数点组成 3 个一位小数，并按从小到大的顺序排列出的三个数都是多少？"你能做到吗？

答案：2.6 米；一共有 24 头；12.3，21.3，31.2。

品酒师

绿侏儒邀请杰百利和皮克来自家地窖喝葡萄酒，它闭着眼摇晃酒杯，又闻又舔的样子让杰百利觉得滑稽极了："绿侏儒是喝醉了吗？"皮克摇摇头："它在品酒。不同的葡萄可以酿出不同风味的酒。而且酒保存在橡木桶里，也会受到木桶的影响。所以葡萄酒有多种多样的味道。品酒师会先摇晃葡萄酒闻一闻香气，然后把少量的酒含在嘴里，由舌尖来鉴别它们的好坏。如果不这样细细品尝，实在是对不起它的美味。"

听了皮克的话，杰百利也想当一个品酒师。但是绿侏儒才舍不得拿自己的酒给杰百利练习呢。一肚子馊主意的杰百利决定用咕咕小姐的香水来练习品酒。毕竟香水里也含酒精嘛。可惜，很快它就倒在床上爬不起来了。

★ 白葡萄酒的价格是 42.6 元，红葡萄酒的价格是 18.9 元，你要去超市买这两瓶酒，需要带上多少钱？

难点儿的你会吗？

为了举办一个烛光晚宴，你买几种不同的葡萄酒共用去 68.5 元，买火腿用了 43.5 元，你知道买葡萄酒和火腿共用去多少元吗？买火腿比买葡萄酒少用了多少钱？

答案：61.5 元；一共要花 112 元，买火腿比买葡萄酒少用 25 元。

树懒真是懒

"我发现它是最懒的动物。"杰百利指着在水里打着哈欠晒太阳的鳄鱼先生说。

"不不不，最懒的还要数树懒。"皮克指着挂在树上的树懒说道，"它天生动作迟缓，可以在树上挂上几个小时都不动弹。别看它有手有脚，它的脚却不是用来走路的，完全是靠前肢拖动身体行动。要想移动一千米的距离，需要花上半个月的时间呢，比乌龟还慢。因为懒，它可能一辈子都不会离开自己的树，也可以一个月都不吃东西。由于一动不动的时间太长了，它身上甚至能长满青苔呢。"

"要这样的话，如果鳄鱼先生想吃它，它不是也懒得逃命吗？"杰百利话音未落，气坏的鳄鱼先生朝它们冲了过来："竟敢说我懒，我全听见了！"看着它们落荒而逃的背影，树懒笑坏了："我当然懒得逃命，因为鳄鱼没法儿上树啊！"

★树懒逃跑的速度是每秒 0.2 米，一分钟它能逃多少米？

★★假如你的宠物树懒每天能移动 30 米，需要多长时间才能移动到 600 米处的森林里？

★★★如果树懒每分钟移动 2.5 米，乌龟每分钟能移动 6.6 米，乌龟比树懒多移动了多少米？

难点儿的你会吗？

树懒一天移动 1/10 米，几天能移动 0.9 米？

答案：逃 12 米；需要 20 天；多移动 4.1 米；每天移动 0.1 米，9 天移动 0.9 米。

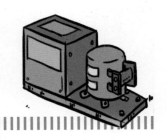

飞机上的黑匣子

鳄鱼先生的私人飞机在森林里坠毁了。鳄鱼先生到处搜寻飞机上的黑匣子。每次杰百利都会一本正经地告诉它："我从来没有见过你的黑匣子。"鳄鱼先生只好继续找个不停。

不过，什么是黑匣子呢？它的学名叫"飞行数据记录仪"，可以把飞行员的对话、通讯过程和飞行数据记录并储存起来。这样，当飞机发生事故后，只要找到黑匣子，就能分析出事故原因。它还可以承受一吨重的压力、1000多摄氏度的高温和海水浸泡。哪怕飞机坠毁，黑匣子里的数据也完好无损。另外，它并不黑，一般是鲜艳的橙色。这样就可以便于被人们找到。实际上，鳄鱼先生的黑匣子就被杰百利捡到并改装成了椅子。当鳄鱼先生最后找到它的时候，杰百利真是百口莫辩。

★假如你的黑匣子能承受 850℃的高温，而大鳄鱼的黑匣子能承受 1000℃的高温，它的黑匣子比你的黑匣子能多耐多少摄氏度的高温？

★★你知道 2 小时 25 分是多少分钟吗？

难点儿的你会吗？

一个黑匣子能承受 1 吨的压力，一辆坦克可以承受的压力是它的 1/2，坦克可以承受多少吨的压力？

答案：150 摄氏度；是 145 分钟；可以承受 0.5 吨的压力。

97

月亮围着地球转

杰百利看太空探索节目时，突然想起来，绿侏儒答应把太空服和飞行器借它玩儿。"去哪个星球旅行好呢？"杰百利问道。

"月球，毕竟它离我们最近！"皮克告诉杰百利，月球离地球只有39万千米，但却有46亿年历史。作为地球的唯一一颗天然卫星，人们把月球绕地球公转一圈作为"恒星月"来计算时间。它虽然围着地球转，但永远只有一面朝着地球。

"那背对地球的另一面会是什么样呢？这听上去很神秘，好，我就去月球探险吧！"杰百利看着宇航服下定决心。很快，它的飞行器就在月球背面降落了。看上去好像跟正面也没有什么不同嘛。杰百利迫不及待地跳下飞行器，却被高高弹起，把它吓了一大跳——都怪皮克忘了告诉杰百利，这个重达7350亿亿吨的月球，引力只有地球的六分之一，不适应也是很正常的嘛。

★月球到达地球的距离大约是 39 万千米，如果从月球以每小时 3900 千米的速度飞往地球，到达地球需要多少个小时？

★★一个月球仪的重量是 15 千克，是地球仪的 1/4，你能算出地球仪多重吗？

难点儿的你会吗？

假如你让你的月球仪每天围绕着地球仪转 100 圈，你认为这样的话月球仪会变小吗？

答案：100 个小时；60 千克；月球仪的自转和旋转运动，使转动过程中物体的体积大小不变，所以月球仪无论转多少圈，大小都不会变化。

和平的橄榄枝

　　看着鸽子衔着橄榄枝从沼泽边飞过，杰百利忍不住使劲摇头："一定是鳄鱼先生把可怜的鸽子赶出了家门，你看它得重新搭窝了。"

　　"才不是呢！"皮克定睛细看，"它衔的是橄榄枝，也就是油橄榄的树枝，象征和平。在《圣经·创世纪》里讲了这样一个故事：在发生毁灭世界的大洪水之后，挪亚方舟搁浅在高山上。为了探听洪水的消息，挪亚方舟放飞了三次鸽子。当第三只鸽子衔回橄榄枝时，说明洪水已经退去，人类可以开始新的生活。后来，人们就用鸽子和橄榄枝来表示和平与友好。希腊的国树就是油橄榄，联合国的徽章上也有橄榄枝。"

　　"这么说，我们看到的是和平的象征啊。"杰百利大为感叹，可话音未落，鳄鱼先生就提着拳头冲了过来："到处说我坏话的家伙，我要好好教训你！"看来，这回橄榄枝和和平鸽也救不了杰百利了。

★你知道 40 个昼夜一共是多少小时吗？

★★假如你每天要放飞三次和平鸽，一个星期下来，你一共放飞了几次？

★★★你的鸽子每小时能飞 850.2 千米，你的好伙伴的鸽子每小时能飞 971.6 千米，你们的鸽子一共飞行了多少千米？

难点儿的你会吗？

假如你为你的宠物鸽子准备了小点心，每次它能吃下 2 块，一天吃 3 次，这盒点心一共有 150 块，你的宠物鸽子可以吃上几天？

答案：960 小时；21 次；一共飞行了 1821.8 千米；可以吃 25 天。

防止触电

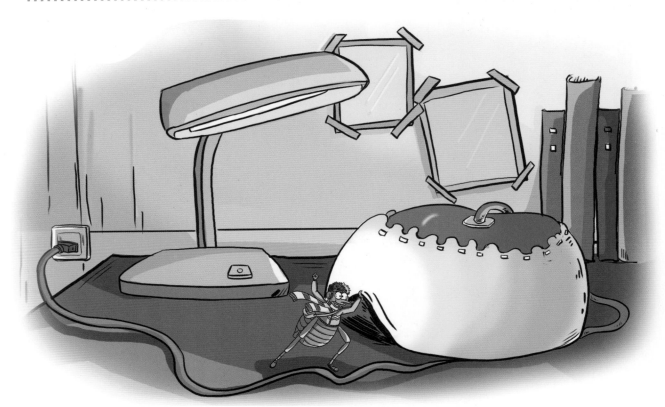

好奇心太强的跳蚤披旦钻进了埃菲太太的电烫发帽里。等到埃菲太太发现时，跳蚤披旦已经被电得不省人事了。"天啊，你怎么死得这么惨！"蝗虫花林伤心得哭了起来。

菲幽爷爷推开蝗虫花林："我看看……电击造成的伤害取决于通电时间长短和通过体内的电流大小。时间越长，越容易死亡，电流越大，越危险。如果是8-10mA的电流，你会有手被电粘住的感觉和痛感。20-25mA，手会感到麻痹，呼吸变得困难。50-80mA，呼吸更加困难，心脏也会不停震颤。要是碰到了90-100mA的电流，心脏马上就会停止跳动……唔，我看披旦现在需要人工呼吸。花林你来！"

想到自己要给有口臭的披旦做人工呼吸，蝗虫花林哭得更厉害了。

★假如你要在一条长 300 米的小路两旁安装电灯，每隔 5 米安装一盏，如果起点和终点各安一盏，一共要安装多少盏？

难点儿的你会吗?

假如你在看一本有趣的故事书，页码总共有 380 页，你不小心把书合上了，只记得刚读完的两页的和是 101，你能根据这个算出你刚读完的两页页码是多少吗？

答案：一共安装了 122 盏；刚读完的两页是 50、51 页。

103

鼠妇大婶儿的
小诊所

地球上最冷的地方

　　"地下城是世界上最冷的地方！"天上刚飘下几朵雪花，杰百利就冻得鼻涕直淌，哆哆嗦嗦地抱怨个没完。

　　"你真是大惊小怪。世界上最冷的地方是南极。在地球的最南端，是人类最后到达的大陆。在南极，一年只有暖季和寒季两个季节。平均气温在 $-50\,℃$，

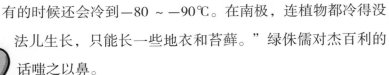

有的时候还会冷到 $-80 \sim -90\,℃$。在南极，连植物都冷得没法儿生长，只能长一些地衣和苔藓。"绿侏儒对杰百利的话嗤之以鼻。

　　"得了吧，耳听为虚，眼见为实。世界上哪里还有比地下城更冷的地方。"杰百利真是坐井观天。被气坏了的绿侏儒立马用自己的飞行器把杰百利带到了南极。刚一走出舱门，杰百利就赶紧往回跑。这时它才觉得，哪怕自己家像冰窟窿一样，也比南极要温暖多了。

★前天的气温是 —12.2℃，昨天的气温是—14.8℃，今天的气温是 —8.4℃，你能算出这三天的平均气温吗？

★★假如你只能忍受 —25.4℃的寒冷，而你所在的城市的温度是—46.3℃，它超出了你所能忍受的温度多少摄氏度？

难点儿的你会吗?

假如南极占地球总面积的 15/100，海洋占地球总面积的 65/100，剩下的陆地占地球总面积的百分之多少？

答案：本约气温—11.8℃；超出—20.9℃；占 20/100。

蒸汽机的发明

　　琼迪开着一个吐白烟的庞然大物回到了地下城，把大家吓得鸡飞狗跳。"别害怕，不过是一辆蒸汽车而已。"皮克安慰想躲到洞里去的杰百利，"蒸汽车的动力是蒸汽机，它可以用水蒸气提供动力。只要有一个用木头、煤、石油或天然气做燃料的锅炉，就可以让水沸腾，产生高压蒸汽。膨胀的蒸汽再推动活塞，机器就动起来了。"

　　皮克还告诉杰百利，1769年，詹姆斯·瓦特在前人的基础上改进并制造了工业蒸汽机，让整个世界都进入到工业时代。这让杰百利对蒸汽机大感兴趣。它把琼迪的蒸汽车做了改造，变成了一台可以同时用蒸汽发射鸡蛋"炮弹"的战斗车。杰百利自豪不已。只不过当绿侏儒发现鸡蛋都是从自家冰箱里偷来的之后，它愤怒地宣布，再也不准杰百利来自家吃东西了。

★第一台现代意义的工业蒸汽机在 1769 年诞生，而你创造的"蝎子号"蒸汽机比它晚了 240 年，你能算出你的机器是哪一年诞生的吗？

★★假如你也有一台超酷的鸡蛋喷射器，一分钟能喷 50 个鸡蛋，这样下来，一个小时喷出多少个鸡蛋？

难点儿的你会吗？

如果你一顿能吃掉 4 个鸡蛋，一天吃 3 顿，一箱 240 个鸡蛋，你几天能够全部吃完？

答案：2009 年；3000 个鸡蛋；20 天。

面包的制作过程

绿侏儒禁止杰百利进自家厨房吃东西，这让杰百利很不服气："我能发明蒸汽鸡蛋炮，还不能自己烤面包吃吗？"它想起皮克的话，据说最早的面包是古埃及奴隶无意中发明的。当时这位奴隶正在烤饼，但还没烤好就睡着了。炉火熄灭后，生面饼发酵膨大，使得最后烤出的饼变成了松软香甜的面包。"对，我也这样烤！"杰百利搬来面粉，又是和水，又是放盐，最后加上鸡蛋、黄油和糖。可它百密一疏，唯独忘了放酵母粉。结果烤出来的不是面包，而是10个硬得无法下口的"铁饼"。失望的杰百利把这些"铁饼"全扔了出去。没想到，它们都砸到了绿侏儒的头上。看来，杰百利更不可能吃到绿侏儒做的饭了。

★假如你做的面包长 23 厘米，宽 6 厘米，你能算出它的面积吗？

★★如果你制作的正方形面包面积是 16 平方厘米，你能算出边长吗？

难点儿的你会吗？

假如你带了 20 元钱，到商店里买了一包方便面和一个面包，方便面 4.5 元一包，面包 6.8 元一个，你能算出一共用去多少钱，剩了多少钱吗？

答案：138 平方厘米；边长是 4 厘米；共用去 11.3 元，剩了 8.7 元。

被蚂蟥叮咬怎么办

"你背上背的是自己的宝宝吗？"皮克老远就看见杰百利背上趴着两条胖乎乎的家伙。可走近一看，皮克吓了一跳，原来两条大蚂蟥不知什么时候爬到了杰百利的背上，正在放肆地吸着它的血。皮克想帮杰百利把蚂蟥扯下来，可说也奇怪，不管它怎么用力，蚂蟥都纹丝不动。没办法，皮克只好请来鼠妇大婶儿紧急出诊。

"光靠硬扯可拿它们没办法。"鼠妇大婶儿看着这些只有七八厘米长，黏糊糊软绵绵的家伙摇头，"它们的头部有个带麻醉作用的吸盘，贴到皮肤上就能形成真空环境，然后再用颚片钻进皮肤里吸血，很难对付。"说完，鼠妇大婶儿狠狠一巴掌拍在杰百利背上，因为这突然的刺激，杰百利的皮肤迅速收缩，空气进入到蚂蟥的吸盘中，它们这才掉落下来。

★假如你的身上粘了 14 条蚂蟥，你的伙伴比你多粘了 26 条，你们的身上一共粘了多少条蚂蟥？

★★假如蚂蟥排成 8.4 米的超长队列往你的窗口里爬，你用扫把打掉 2.9 米长的队伍，打下去的队伍比剩下的队伍短了多少厘米？

难点儿的你会吗？

假如你正在售卖宠物蚂蟥，4 天卖了 880 条，你能算出平均每天卖了多少条吗？

答案：一共粘了 54 条，打下去的队伍比剩下的队伍短了 260 厘米；每天卖 220 条。